BIBLIOTHÈQUE

DES ÉCOLES ET DES FAM

CUVIER

PAR

Mᴹᴱ GUSTAVE DEMOULIN

DEUXIÈME ÉDITION

PARIS

LIBRAIRIE HACHETTE ᴇᴛ Cⁱᵉ

79, Boulevard Saint-Germain, 79

1883

PORTRAIT DE CUVIER

CUVIER

Un de ces faiseurs de tours qui vont de
foire en foire exercer leur singulier métier
fut, un soir de l'année 1775, invité à aller
récréer les hôtes d'une maison de campagne
du Jura. Il ébahit les spectateurs en se
donnant dans le bras de grands coups avec
un poignard qu'il retirait tout dégouttant de
sang bien qu'il ne se fût fait aucune bles-
sure. Il les charma au moyen d'une fontaine
intermittente qui, prétendait-il, coulait ou
s'arrêtait à son commandement. Chacun
criait au prodige.

Seul, un petit garçon de six ans restait
muet et pensif, les yeux fixés sur le prestidi-
gitateur. Tout à coup, il s'écria : « J'ai compris! le poignard rentre dans la manche et

je sais aussi pourquoi l'eau coule et cesse de couler ! » Aussitôt il prit une feuille de papier, des ciseaux, et découpa des figures qui devaient l'aider à faire comprendre ses explications. Cet enfant d'une intelligence si précoce, d'une puissance d'attention si remarquable, c'était Georges Cuvier, celui qu'on devait un jour surnommer *l'Aristote du* XIXe *siècle*.

Georges-Léopold-Chrétien-Frédéric-Dagobert Cuvier naquit le 23 août 1769 d'une famille protestante fixée à Montbéliard. Il ne devint donc vraiment Français que vingt-trois ans plus tard, quand la principauté de Montbéliard, qui appartenait au duc de Wurtemberg, fut définitivement réunie à la France en 1792.

Le père de Cuvier était un brave capitaine, qui s'entendait mieux à commander une compagnie de fusiliers suisses qu'à élever un enfant. Il s'en remit à sa femme du soin de diriger l'éducation de leur fils. Le petit Georges n'y perdit rien.

Sa mère était une femme d'un esprit supérieur, dont la tendresse égalait le dévouement. Elle fut le premier maître de l'enfant, lui apprit à lire, à écrire, à dessiner. Plus tard, elle se fit son camarade d'études, prenait avec lui des leçons de latin, et par un choix judicieux de lectures, faisait naître chez son fils le goût de l'histoire et de la littérature. Elle s'appliquait en toute chose à développer en lui cette puissance d'attention qui atteignit plus tard aux limites du génie.

Si l'institutrice était excellente, l'élève répondait à tous ses soins, et révélait, dès l'âge le plus tendre, les qualités qui distinguèrent l'homme.

Il avait cette curiosité saine qui vient du désir de s'instruire, une activité toujours prête à s'assimiler quelque nouvelle connaissance, une docilité intellectuelle qui lui permettait de passer sans efforts d'une étude à une autre, et enfin une mémoire prodigieuse qui s'appropriait tout. Les classifications les plus sèches, les nomenclatures les plus arides, les chronologies les plus barbares et les plus hérissées de dates, n'étaient pour lui qu'un jeu. Quand il les avait une fois enregistrées, il ne les oubliait plus.

Il est à remarquer que tous les hommes célèbres ont, dès leur enfance, été de grands liseurs. A douze ans, Cuvier, furetant dans la bibliothèque d'un de ses parents, mit par hasard la main sur une histoire naturelle de Buffon qui décida de sa vocation. Il ne voulut plus d'autre lecture et, le soir, il s'occupait à dessiner les figures du livre, à les enluminer d'après les descriptions. Souvent il reproduisait de souvenir, dans des découpages de papier, la forme des animaux.

A tant de dons précieux, l'enfant joignait une gravité qui inspirait une sorte de respect à ses camarades, un esprit d'ordre et de méthode qui lui donnait un grand ascendant sur eux. C'est ainsi que, à l'âge de quatorze ans, il fondait au gymnase de

Montbéliard, où il faisait ses études, une
académie d'écoliers dont il fut nommé président.

Au sortir du gymnase, Cuvier alla étu-
dier la langue et la littérature allemandes
à l'académie Caroline de Stuttgart, où se
formèrent tant d'artistes, de diplomates, de
militaires et de savants distingués.

Cette académie modèle, qui se proposait
l'éducation complète des jeunes gens jusqu'à
leur entrée dans une carrière, comprenait
cinq facultés supérieures : le droit, la méde-
cine, l'administration, l'art militaire et le
commerce. Après avoir terminé leur philosophie, les étudiants entraient dans la
section où les appelait leur aptitude. Cuvier
fit choix de l'administration, « parce que,
dit-il, dans cette faculté on s'occupait beau-
coup d'histoire naturelle et qu'il y aurait
par conséquent de fréquentes occasions
d'herboriser et de visiter des collections ».

Tout en suivant régulièrement les cours,
il trouva le temps de traduire en français

les leçons d'un de ses professeurs, qui lui
offrit en remerciement un exemplaire du
Système de la Nature de Linné. L'adolescent se passionna pour Linné comme
l'enfant s'était passionné pour Buffon; il
lut et relut ce livre d'histoire naturelle,
le seul qui fût à sa disposition.

Cuvier n'était pas un de ces esprits spé-
cialistes qui se cantonnent dans un coin
de la science sans jeter un regard au-delà.
Il menait de front toutes les études, aussi
bien les sciences administratives que la
philosophie, la botanique que la zoologie,
l'histoire que la littérature, les langues
mortes que les langues vivantes. Il obte-
nait les premiers prix dans toutes les facultés et, avant de quitter l'académie Caroline, il reçut l'ordre de la chevalerie, la
récompense la plus haute et la plus rare-
ment obtenue.

Le développement physique de l'homme
est trop souvent en raison inverse de la pré-
cocité de son intelligence. Cuvier était un

adolescent chétif qui payait peu de mine. Voici un portrait qu'en a tracé un de ses condisciples à l'académie Caroline : « Les dehors de Cuvier contrastaient à cette époque si fort avec les caractères qui, chez *l'homme intérieur*, faisaient pressentir l'illustre savant, que quatorze ans après je ne reconnaissais plus mon ancien ami. La métamorphose était complète; il avait passé de l'humble état de larve à l'état parfait de brillant papillon.

» Tout entier à ses études, il négligeait tout ce qui regarde immédiatement l'intérêt du corps et l'élégance extérieure, tout ce qui aurait pu déguiser la défaveur avec laquelle la nature semblait alors avoir traité son extérieur. Son visage très maigre, plutôt allongé qu'arrondi, pâle, et marqué abondamment de taches de rousseur, était comme encadré par une épaisse crinière de cheveux roux. Sa physionomie respirait la sévérité et même un peu la mélancolie. Il ne prenait aucune part aux jeux de la jeunesse, il avait l'air d'un somnambule qui n'est point affecté par ce qui l'entoure ordinairement et n'y prête aucune attention.

» L'avidité de son esprit était insatiable. La grandeur des in-folios, pas plus que le nombre des volumes, ne pouvaient l'arrêter dans ses lectures de tous les instants. Je me souviens surtout très bien comment, assis d'ordinaire près de mon lit, il parcourait tout le grand dictionnaire historique de Bayle. »

Contraint, par la situation précaire de ses parents, à quitter Stuttgart avant l'achèvement de ses études, il renonça à la carrière administrative, où il pouvait, par ses capacités et ses protecteurs, prétendre à une belle situation. Cette nécessité, regrettable alors, dut être considérée plus tard comme un bonheur pour lui aussi bien que pour tout le monde.

On lui offrit une charge de précepteur chez le comte d'Héricy, gentilhomme de Normandie ; il l'accepta et arriva à Caen

au mois de juillet 1788, n'ayant pas encore
dix-neuf ans accomplis.

Peu après la famille d'Héricy alla se
fixer aux environs de Fécamp; ce fut une
circonstance des plus heureuses pour le
jeune précepteur. Il put s'abandonner
dans cette retraite à sa passion pour l'histoire naturelle, et se livrer aux recherches
et aux études que « la mer et la terre lui
offraient à l'envi ».

La terre lui donne des fossiles, la mer des
êtres vivants; il les compare, il les dissèque.
Il conçoit la pensée de réformer la classification zoologique établie par Linné, qui
avait divisé le règne animal en six classes :

Les Quadrupèdes,

Les Oiseaux,

Les Reptiles,

Les Poissons,

Les Insectes,

Les Vers.

Cette classification avait le tort de rap-
procher, sur des ressemblances purement

extérieures, des êtres absolument disparates.
C'est ainsi que les mollusques, les insectes,
les zoophytes, étaient réunis sous la vague
dénomination d'*animaux à sang blanc*.

Cuvier fait ressortir les caractères essen-
tiels, distinctifs, qui séparent des êtres jusqu'ici groupés côte à côte. Il s'ingénie à
établir une classification animale naturelle
d'après l'étude de l'organisation intérieure,
qui, seule, marque les vrais rapports des
êtres vivants, et crée la science de l'ANATO-
MIE COMPARÉE.

Mais n'anticipons pas

Tout en dirigeant l'éducation du jeune
d'Héricy, son élève, Cuvier ne négligeait
pas ses chères études. Il trouvait encore le
temps de peindre à l'aquarelle, sous plusieurs aspects, les spécimens de fossiles et
d'animaux vivants qu'il étudiait. Ces inté-
ressantes aquarelles, qui pour la plupart
existent encore aujourd'hui, ont fait dire de
lui qu'il avait été naturaliste dans ses pein-
tures, comme il l'a été dans ses écrits.

A vingt-cinq ans, il se lia d'amitié avec le savant agronome Tessier, alors médecin en chef à l'hôpital militaire de Fécamp. Tessier, membre de l'Académie des Sciences, fut rappé des aptitudes et de l'érudition du eune précepteur, il admira ses dessins et, convaincu qu'un grand avenir lui était promis, le recommanda chaudement à plusieurs de ses collègues. Il écrivit à de Jussieu : « Souvenez-vous que c'est moi qui a donné Delambre à l'Académie; dans un autre genre, ce sera aussi un Delambre. »

Geoffroy Saint-Hilaire, ému des récits que Tessier faisait de son jeune ami, appela Cuvier à Paris. « Venez, lui écrivit-il, jouer parmi nous le rôle d'un autre Linné, d'un autre législateur de l'histoire naturelle. »

En 1794, Cuvier quitta la Normandie, où il avait passé six précieuses années à se fortifier de corps et d'esprit dans le calme de la province.

En arrivant à Paris, il fut adjoint à Dau-

benton et à Lacépède dans la section de
ᵚoologie.

Cuvier devint rapidement célèbre. Ses
cours à l'École centrale du Panthéon, au
Collège de France, où il succéda à Daubenton, au Muséum, lui assurèrent autant d'ad-
mirateurs que de disciples. Il transforma,
sans sacrifier la science, la chaire d'histoire
naturelle en chaire d'éloquence. Il débutait
lentement, en exposant son sujet avec une
clarté et une précision admirables. S'ani-
mant peu à peu, il entrait dans une sphère
d'idées élevées et brillantes où il se main-
tenait sans déclamation.

Sa physionomie expressive où le génie
éclatait par les yeux, sa voix vibrante
qu'animait la conviction, les charmes de sa
diction, tout contribuait à le mettre sympa-
thiquement en communication avec son
auditoire ému.

Les charges fondirent en avalanche sur
lui et les dignités ne lui furent pas épargnées.
Aux fonctions d'Inspecteur général de l'U-

niversité, de Secrétaire perpétuel de l'Académie des Sciences, de Conseiller à vie de
l'Université, qui eussent suffi à absorber son
temps et son activité, vinrent s'ajouter des
honneurs d'un ordre tout différent. Il fut
successivement nommé Maître des requêtes
en 1819, Président de la section de l'intérieur au Conseil d'État en 1824, Grand-
Maître de l'Université en 1827, Pair de
France en 1831.

Ne trouvez-vous pas, enfants, que toutes
ces dignités obtenues et conservées sous
l'Empire et sous la Restauration n'ont rien
ajouté à sa gloire et qu'elles ont dérobé bien
du temps à ce grand génie? Est-ce que la
science ne devrait pas être légitimement
jalouse en se voyant trahie pour la politique
et l'administration?

Cependant on ne peut s'empêcher de s'é-
merveiller en voyant l'activité d'un homme
faire face à tant de besognes arides et à tant
de nobles travaux.

Les honneurs que nous aimons à vous

rappeler sont ceux qu'ont obtenus son savoir et son génie. Il appartenait à triple titre à l'Institut : il était membre de l'Académie Française, de l'Académie des Sciences, de l'Académie des Inscriptions et Belles-Lettres. Il était, de plus, membre de toutes les Académies du monde.

De tous les points du globe lui arrivaient des communications de savants qui venaient lui soumettre leurs observations, leurs découvertes, et il trouvait moyen de tout lire, de tout examiner. Il réussissait encore à créer au sein de notre Muséum une collection d'une richesse incomparable.

Vous vous demandez sans doute comment un seul homme put suffire à une semblable tâche. Il avait pour cela deux grands secrets : éviter toute perte de temps, mettre un ordre parfait dans son travail. Avec ces deux recettes, on mène à bonne fin bien des choses.

Non seulement chaque heure du jour avait son emploi déterminé, mais chaque genre de travail s'accomplissait dans un cabinet spécial où se trouvaient les livres, les dessins, les objets nécessaires à chaque étude. Une fois que Cuvier était au travail, il ne souffrait d'être dérangé sous aucun prétexte.

Son esprit était sans cesse en haleine et en action; il prenait des notes même en voiture, se servant de sa main gauche en guise de pupître. Dans les réunions publiques, il paraissait absorbé, car il était distrait par des sujets étrangers à la discussion qu'il avait pourtant la faculté de suivre, et souvent on le voyait sortir de sa méditation pour donner son avis en connaissance de cause.

Maintenant que nous connaissons bien l'homme, revenons au savant, car nous n'avons point encore parlé de son plus grand titre de gloire, de ses recherches patientes, des découvertes précieuses qu'il a faites et qui l'ont amené à nous révéler l'histoire de notre globe et à ouvrir aux naturalistes un

***

monde inconnu, une création ignorée.

Vous savez sans aucun doute que la terre que vous habitez a subi, pour arriver à l'état actuel, de terribles et nombreuses convulsions qui ont profondément modifié la constitution de son enveloppe.

Ces révolutions géologiques, dont notre planète porte partout la trace, se révélèrent bien à l'homme dès qu'il fouilla les entrailles de la terre pour y puiser les richesses minérales nécessaires à son industrie et à son bien-être; mais, dans son ignorance extrême, il ne chercha pas à les comprendre, encore moins à les expliquer. Pourtant, de bonne heure, les restes d'ossements, les reliefs bizarres, les débris de plantes, les empreintes mystérieuses, enfouis dans la croûte terrestre, frappèrent l'imagination populaire d'une crainte superstitieuse. Au moyen âge, les savants qui ne pouvaient nier l'existence des pétrifications qu'ils rencontraient dans les carrières à la surface du sol, les regardaient comme des *jeux de la nature*.

On en était là, au milieu du XVIᵉ siècle, quand un obscur potier de l'Agénois, Ber-

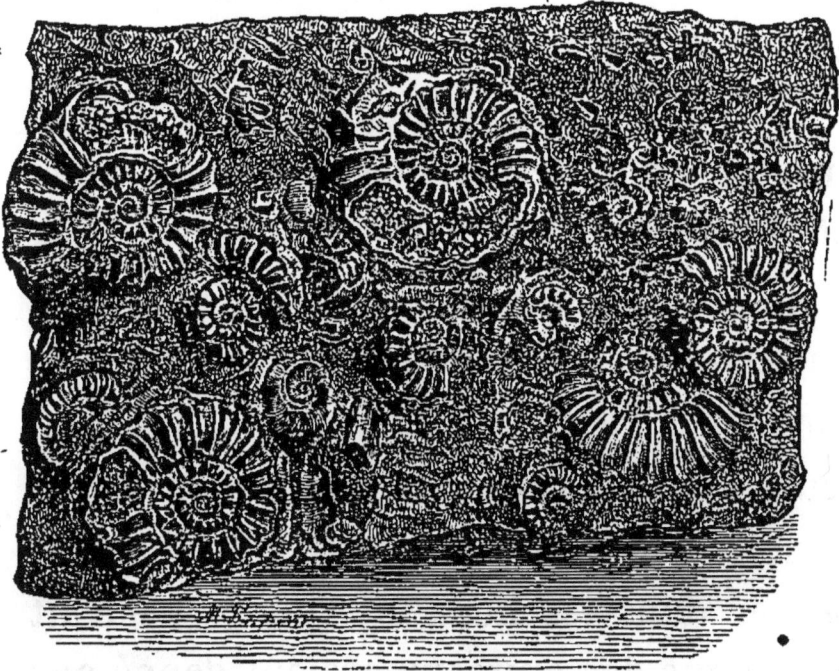

EMPREINTES DE COQUILLES FOSSILES.

nard Palissy, vint jeter quelque lumière sur ces phénomènes bizarres. Cet artiste parcourut successivement les Pyrénées, les Pays-Bas, la Champagne, les Ardennes, à la recherche d'une argile qui lui permît de reproduire les poteries émaillées de l'Italie.

Comme il avait des yeux pour voir, il observait de plus près les curiosités naturelles. En fouillant les carrières et les mines, il avait recueilli des coquilles pétrifiées et il fut le premier à reconnaître qu'elles étaient la *forme* d'animaux jadis vivants.

Il vint à Paris, où il exposa sa théorie sur les coquilles fossiles dans des cours publics, qui furent avidement suivis.

« Il a fallu, dit Fontenelle, qu'un potier de terre qui ne savait ni latin ni grec osât dire, dans Paris, à la face de tous les docteurs, que les coquilles fossiles étaient de véritables coquilles déposées autrefois par la mer dans les lieux où elle se trouvait alors ; que des animaux avaient donné aux pierres figurées toutes leurs différentes figures, et qu'il défiait hardiment toute l'école d'Aristote d'attaquer ses preuves..... Ce ne fut pourtant qu'un siècle plus tard que les idées de Palissy eurent la fortune qu'elles méritaient. »

Aux XVIIe et XVIIIe siècles, des savants

comme Leibnitz, Buffon, Daubenton, re-
prirent successivement l'opinion du célèbre
potier en lui donnant l'autorité de leur
génie. Ils contribuèrent ainsi à constituer la

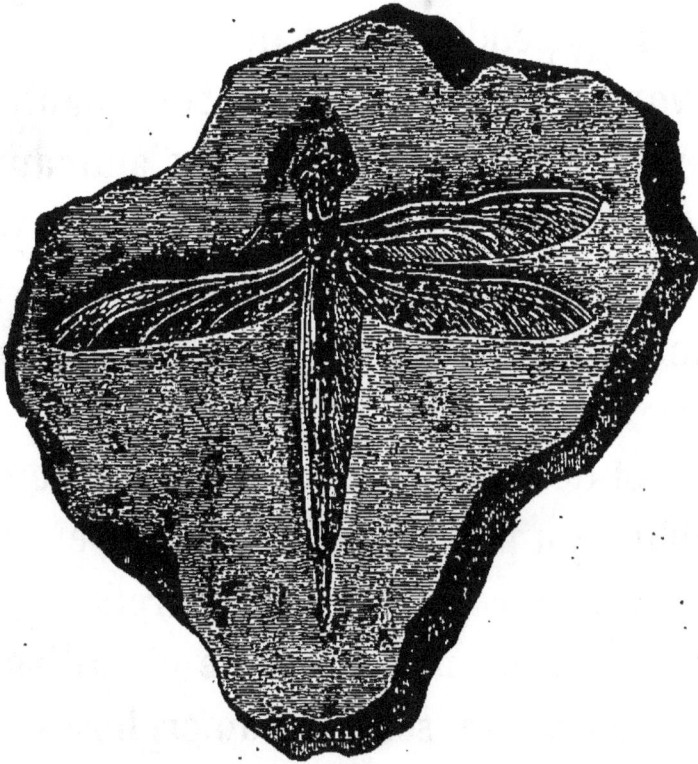

EMPREINTE D'UN INSECTE.

science de la géologie en dépit des sar-
casmes de Voltaire, qui prétendait que les
petites coquilles alpines de M. de Buffon
étaient tombées des chapeaux de quelques
pèlerins se rendant à Rome!

Vous ne vous permettez pas de douter de

l'affirmation des savants et vous croyez
bien que les *fossiles* sont des débris d'êtres
qui ont vécu dans un monde ancien dis-
paru depuis des milliers et des milliers
d'années. Cependant vous devez certaine-
ment vous demander comment des plantes,
des coquillages, des sque'ettes d'animaux,
se sont transformés en pierre. Vous n'avez
pas, comme dans les temps barbares, la
croyance que des fées, des sorciers, peuvent
changer les gens en bêtes, les bêtes en
plantes et des êtres vivants en pierre. Donc,
puisqu'il n'y a pas là un fait miraculeux, il
doit y avoir une explication naturelle.

Voyons comment ce bois, ce coquillage,
cet ossement, se sont métamorphosés en
pierre.

D'abord, il faut que vous sachiez que
tous les corps sont poreux, c'est-à-dire que
les infimes petites particules qui par leur
réunion forment les corps, sont séparées
par des intervalles, des interstices appelés
pores. Il faut que vous sachiez que certaines

eaux ont la propriété de dissoudre des substances minérales · ainsi l'eau chargée d'un certain acide dissout le calcaire, ce minéral de même nature que la craie de notre tableau noir.

Maintenant vous n'avez plus qu'à supposer que ce bois, ce coquillage, cet os, se sont trouvés, à la suite des bouleversements de la terre, au milieu d'un marais fangeux dont l'eau tenait en dissolution cette substance pierreuse. Il n'est plus difficile de concevoir que cette eau chargée de calcaire, par exemple, pénétrant dans les pores de cette matière organique, végétale ou animale, y a déposé peu à peu le calcaire qu'elle recélait. Il est donc arrivé qu'après bien des siècles, l'eau et la matière organique étant éliminées, il ne reste plus que la substance pierreuse, qui a nécessairement pris la forme du bois, du coquillage et de l'ossement.

Il me semble que je me ferai bien comprendre en disant que le fossile est le moulage des pores de la substance de l'animal ou du végétal dont il a conservé la forme.

Ces êtres organisés, dont on trouve les restes en si grande abondance, étaient-ils semblables aux espèces existantes aujourd'hui? étaient-ils les représentants d'espèces disparues? Ces questions restaient sans réponse. Jusque-là on ne s'était guère occupé que de coquilles et de poissons, et rien ne prouvait que ces coquilles et ces poissons n'eussent pas leurs semblables cachés dans les profondeurs des mers actuelles.

C'est alors qu'à la suite d'une longue série d'études, Cuvier, examinant attentivement le crâne d'un éléphant fossile, acquiert la certitude que cet animal différait essentiellement de l'éléphant moderne. Il communique cette découverte à l'Institut dans un mémoire célèbre, qui se terminait par ces paroles prophétiques :

« Qu'on se demande pourquoi l'on trouve tant de dépouilles d'animaux inconnus, tandis qu'on n'en trouve aucune dont on

EMPREINTE DE POISSON

puisse dire qu'elle appartient aux espèces
que nous connaissons, et l'on verra combien
il est probable qu'elles ont toutes appartenu

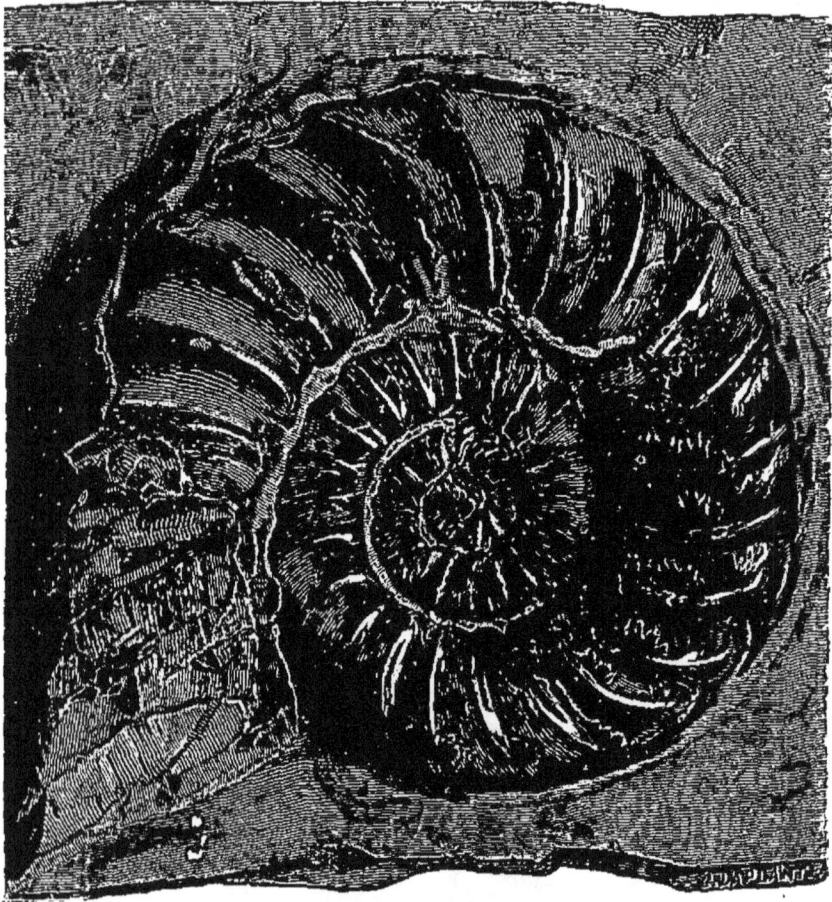

EXEMPLE DE PÉTRIFICATION.

à des êtres d'un monde antérieur au notre,
à des êtres détruits par quelques révolutions du globe, à des êtres dont ceux qui
existent aujourd'hui ont rempli la place. »

Ainsi le génie de Cuvier dévoile un mystère impénétrable jusqu'à lui.

Comment faire partager au monde savant la conviction qui est entrée dans son esprit ? Il rassemble de toutes parts des dépouilles d'animaux fossiles pour les comparer pièce à pièce aux dépouilles des animaux vivants.

Mais ces dépouilles fossiles sont loin d'être complètes ; elles gisent éparses, mutilées, en fragments isolés ; ou bien, ce qui est pis encore, les ossements de plusieurs espèces sont réunis, mêlés, confondus. Comment débrouiller ce chaos ? Comment reconnaître ce qui appartient à chacune ? Comment reconstituer le squelette de chaque espèce sans omission et sans substitution ?

Eh bien ! Cuvier réalisera ce prodige : il rassemblera pièce à pièce les ossements et les fragments d'ossements trouvés çà et là et qu'on lui apporte pêle-mêle ; il reconstituera rigoureusement le squelette d'un animal

que personne n'a jamais vu, que personne
ne connaît ! Voilà, vous l'avouerez, un singulier jeu de patience.

« Sous sa main habile, dit Flourens,
chaque os, chaque portion d'os, va reprendre
sa place, va se réunir à l'os, à la portion
d'os à laquelle elle avait dû tenir, et toutes
ces espèces d'animaux détruits depuis tant
de siècles renaissent avec leurs formes, leur
caractère, leurs attributs; on ne croit plus
assister à une simple opération anatomique,
on croit assister à une résurrection. »

Cuvier acquiert une telle habileté dans
ce travail, une telle puissance d'intuition,
qu'une dent, un sabot, un débris de pied
lui suffisent pour reconnaître l'animal. Oui,
une dent, une seule dent, lui révèle toutes
les parties du corps : il en conclut avec
certitude la forme des pieds, des mâchoires,
de l'intestin !

Reconstituer tout un animal avec un
seul os, cela ne vous semble-t-il pas tenir
du sortilège? C'est pourtant sur de si faibles

indices qu'il reconstruit des quadrupèdes, des oiseaux, des reptiles ; qu'il nous édifie sur leur genre de vie aquatique ou terrestre, sur leurs mœurs de carnivores ou d'herbivores.

C'est ainsi qu'il acquiert la certitude que, si le *grand Palæotherium* (animal ancien) a quelque ressemblance avec le tapir, il en diffère à d'autres égards, et que l'*Anoplotherium* (animal sans armes) était une espèce d'âne muni d'une queue qui lui servait de gouvernail pour se diriger dans les eaux où il allait brouter des plantes aquatiques. Les ossements de ces singuliers pachydermes avaient été découverts par Cuvier dans les environs de Paris, où ils vivaient par grands troupeaux à des époques reculées.

Quel étonnement serait le vôtre si vous pouviez tout à coup voir surgir les êtres qui vivaient aux temps primitifs sous le ciel parisien ! Quel étonnement plus grand encore si, retournant à ces époques qui devancent notre temps d'un nombre incalculable de

siècles, vous vous trouviez naviguant sur
la mer au fond de laquelle reposaient les
lieux où prospère aujourd'hui la terre de
France! Car Paris, ou mieux le sol qui
porte notre capitale, a été longtemps, et à
plusieurs reprises, le lit d'un océan.

Les trouvailles des géologues ont plus
d'une fois établi que Cuvier, dont l'art et
la science tenaient en quelque sorte de la
divination, avait, en vertu de ses principes
théoriques, deviné et décrit exactement des
animaux dont il ne connaissait que quelques fragments. Par exemple, l'examen
de quelques dents conduit Cuvier à res-
taurer le représentant le plus colossal des
mammifères connus à cette époque, qu'il
baptisa du nom de MASTODONTE (c'est-à-
dire dents mamelonnées), en y joignant
l'épithète de *giganteum*, qui lui convenait à
tous égards. Ce beau travail de reconsti-
tution reçut sa sanction en 1845, lorsqu'on
découvrit, au fond d'un marais des rives de
l'Hudson, un Mastodonte dont le squelette

ÉLÉPHANT FOSSILLE.

était entier. Ce géant fossile ne mesurait
pas moins de 4 mètres de haut et 7^m,50
de long, y compris ses défenses de plus

GRAND PALÆOTHERIUM.

de 3^m,50. Une seule de ses dents pesat
8 kilogrammes!

Ce petit livre n'est pas un traité sur les

fossiles. Nous en avons dit assez pour vous faire comprendre la grandeur et la profondeur du génie de l'homme qui fut le fondadateur de la PALÉONTOLOGIE.

Cette science, qu'il ne faut pas confondre avec la géologie dont elle découle, a pour

ANOPLOTHERIUM.

but l'étude comparée des êtres appartenant aux races éteintes qui ont tour à tour vécu à la surface de la terre et dont il ne reste que les débris fossilisés. Cette science merveilleuse ne nous dévoile pas seulement des mondes disparus, elle nous en apprend pour

ainsi dire la chronologie. Elle nous fait voir,
à travers les temps géologiques, des périodes
distinctes, marquées, signalées, dans les couches de la croûte terrestre, par des espèces
particulières de plantes et d'animaux.

Bien que Cuvier ne soit mort que depuis
une quarantaine d'années, la Paléontologie
a fait dans ce court espace des progrès con-
sidérables. Chaque jour les savants devien-
nent de plus en plus habiles à disséquer, à
analyser l'écorce terrestre. Les assises, les
couches de terrains, mieux explorées, mieux
caractérisées, mieux classées, permettent de
pénétrer plus avant et plus sûrement dans
l'histoire des transformations géologiques.
Peu à peu s'agrandissent devant les yeux
de la science les horizons qui s'ouvrent sur
le passé ténébreux de notre planète.

En dépit des honneurs qui lui furent
prodigués et de la gloire qui le couronna de
son vivant, Cuvier ne fut pas heureux dans
le sens que le sage attache au mot bonheur.
Il n'était pas assez détaché des ambitions

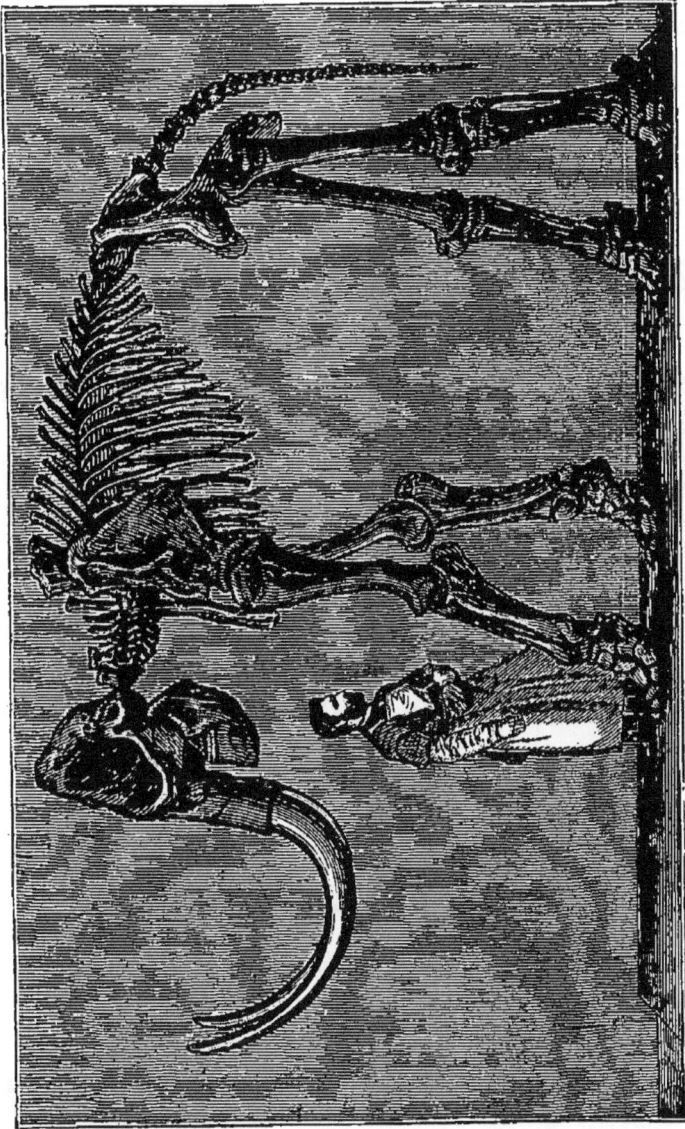

MASTODONTE RESTAURÉ.

mondaines que tant de déceptions et de
tribulations accompagnent. D'ailleurs les
épreuves les plus cruelles et les plus dou-
loureuses l'éprouvèrent sans relâche. Il perdit coup sur coup trois jeunes enfants et,
plus tard, une fille charmante, pleine d'esprit et de grâce, qui faisait son orgueil et sa

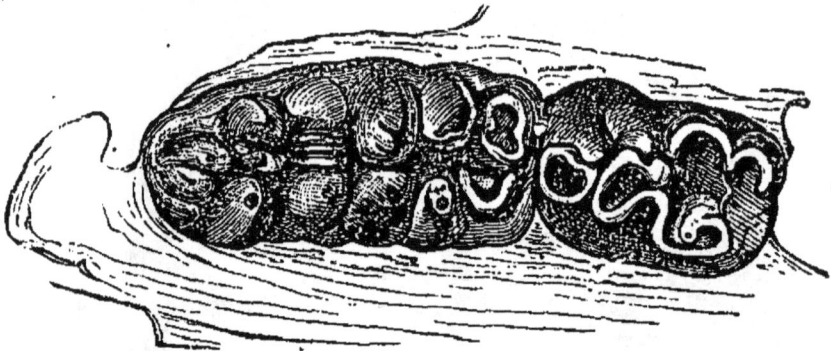

DENTS DE MASTODONTE.

joie. Le travail lui donna les seules consola-
tions qu'il pouvait espérer.

Lorsqu'il sentit la mort approcher, il la
regarda venir sans effroi, mit ordre à ses
affaires et n'exprima que le regret de ne
pouvoir terminer les travaux qu'il avait
entrepris. Il mourut, le 13 mai 1832, à
l'âge de soixante-trois ans.

MOTTEROZ, Adm.-Direct. des Imprimeries réunies, B, Puteaux

www.ingramcontent.com/pod-product-compliance
Lightning Source LLC
Chambersburg PA
CBHW060521210326
41520CB00015B/4255